Julio Parra-Flores
Leslie Oliveras

Cronobacter sakazakii en leches en polvo de lactantes en Chile

AF135554

Julio Parra-Flores
Leslie Oliveras

Cronobacter sakazakii en leches en polvo de lactantes en Chile

Riesgo por Cronobacter sakazakii en leches en polvo

Editorial Académica Española

Impressum / Aviso legal

Bibliografische Information der Deutschen Nationalbibliothek: Die Deutsche Nationalbibliothek verzeichnet diese Publikation in der Deutschen Nationalbibliografie; detaillierte bibliografische Daten sind im Internet über http://dnb.d-nb.de abrufbar.
Alle in diesem Buch genannten Marken und Produktnamen unterliegen warenzeichen-, marken- oder patentrechtlichem Schutz bzw. sind Warenzeichen oder eingetragene Warenzeichen der jeweiligen Inhaber. Die Wiedergabe von Marken, Produktnamen, Gebrauchsnamen, Handelsnamen, Warenbezeichnungen u.s.w. in diesem Werk berechtigt auch ohne besondere Kennzeichnung nicht zu der Annahme, dass solche Namen im Sinne der Warenzeichen- und Markenschutzgesetzgebung als frei zu betrachten wären und daher von jedermann benutzt werden dürften.

Información bibliográfica de la Deutsche Nationalbibliothek: La Deutsche Nationalbibliothek clasifica esta publicación en la Deutsche Nationalbibliografie; los datos bibliográficos detallados están disponibles en internet en http://dnb.d-nb.de.
Todos los nombres de marcas y nombres de productos mencionados en este libro están sujetos a la protección de marca comercial, marca registrada o patentes y son marcas comerciales o marcas comerciales registradas de sus respectivos propietarios. La reproducción en esta obra de nombres de marcas, nombres de productos, nombres comunes, nombres comerciales, descripciones de productos, etc., incluso sin una indicación particular, de ninguna manera debe interpretarse como que estos nombres pueden ser considerados sin limitaciones en materia de marcas y legislación de protección de marcas y, por lo tanto, ser utilizados por cualquier persona.

Coverbild / Imagen de portada: www.ingimage.com

Verlag / Editorial:
Editorial Académica Española
ist ein Imprint der / es una marca de
OmniScriptum GmbH & Co. KG
Bahnhofstraße 28, 66111 Saarbrücken, Deutschland / Alemania
Email / Correo Electrónico: info@eae-publishing.com

Herstellung: siehe letzte Seite /
Publicado en: consulte la última página
ISBN: 978-3-659-10215-8

Riesgo de enfermar por presencia de *Cronobacter sakazakii* en leches en polvo para niños menores de 1 año comercializadas en la ciudad de Chillán y su implicancia en Salud Pública

Julio Parra-Flores. - Leslie Oliveras Vega.

Chillán – Chile – 2015

RESUMEN

Introducción: *Cronobacter* spp es un género bacteriano con 7 especies, siendo *C. sakazakii* la especie clínica más reportada, asociada a meningitis y septicemia en lactantes. Es transmitida por leche en polvo (LP), la OMS recomienda su ausencia en este producto. En Chile, el reglamento sanitario de los alimentos (RSA) no lo considera. Objetivo: Evaluar el riesgo por *Cronobacter sakazakii* en LP destinadas al consumo de lactantes. Metodología: Se analizaron 72 muestras de LP de 3 marcas y 3 países. El recuento de bacterias mesófilas (RAM), *Enterobacteriaceae* (*ENT*) y número más probable (NMP) se realizó con la metodología de Puch and Ito (2001). Se utilizó agar diferencial *Cronobacter* para aislamiento (DFI, Oxoid, England) y kit bioquímico ID32E (Biomeriux, Francia) para fenotipo. El patógeno fue identificado y genotipificado por multilocus sequence typing (MLST) utilizando criterios de http://www.pubmlst.org/cronobacter. Resultados: La mediana de RAM para LP etapa 1 y prematuros fueron 300 UFC/g (10-36.000) y 650 UFC/g (70-30.000), siendo mayor en las muestras de Chile (p=0,016). Para *ENT* de 75 UFC/g (10-1.060) y 195 UFC/g (30-1.000), no existiendo diferencias significativas por tipo, país o marca de LP (p>0,05). Dos cepas de 2 lotes diferentes características en agar DFI se identificaron como *C. sakazaki* con 0,23 y 2,3 NMP/g. Además de *Franconibacter helveticus* en otras 2 cepas, especie relacionada estrechamente con *Cronobacter* spp. El riesgo de enfermar por *C. sakazakii* según Reij y cols. fue 0.000062 a 1 por cada 100.000 recién nacidos que consumen leche en polvo. Conclusiones: La prevalencia de *C. sakazakii* en todas las muestras fue de 2,7% y aisló solo en LP de elaborados en Chile. La ausencia de *Cronobacter* spp en 10 g debe ser incorporado en el RSA de Chile.

ABSTRACT

Introduction: *Cronobacter* spp. is a bacterial genus that includes 7 species; *Cronobacter sakazakii* is the clinical species that is the most reported and associated with meningitis and septicemia in infants. Given that it is transmitted by powdered infant formula (LP), the WHO recommends that this product be free of *Cronobacter*, whereas the Chilean Food Sanitary Regulation (RSA) does not consider it. Objective: Assess the risk of *C. sakazakii* in LP for consumption by infants. Methodology: A total of 72 LP samples were analysed using three brands originating from three countries. Aerobic plate count (APC), *Enterobacteriaceae* (*ENT*), and most probable number (MPN) were performed using the methodology described by Puch and Ito (2001). *Cronobacter* differential agar was used to isolate strains (DFI, Oxoid, England), and the ID32E biochemical kit (Biomeriux, France) was used for phenotyping. The pathogen was identified and genotyped by multilocus sequence typing (MLST) based on the criteria found at http://www.pubmlst.org/cronobacter Results: Median APC for step 1 and preterm LP was 300 CFU/g (10-36.000) and 650 CFU (70-30.000), respectively, and was higher in Chilean PIF (p=0.016). There were no significant differences for type, country, or LP brand in 75 CFU/g (10-36.000) and 195 CFU/g (10-1.000) ETN (p>0,05). Two strains from two different lots with characteristic strains in DFI agar were identified as *C. sakazakii* with 0,23 and 2,3 MPN/g. In addition, *Franconibacter helveticus*, species closely related to *Cronobacter* spp, was found in two other strains. The risk of being infected by *C. sakazakii* according Reij et al. was 0.000062 a 1 per 100,000 infants consuming milk powde. Conclusions: The prevalence of *Cronobacter sakazakii* in all the samples was 2,7%; it was isolated only in LP manufactured in Chile. The absence of *Cronobacter* spp in 10 g must be included in the Chilean RSA.

DEDICATORIA

A Dios por iluminar este largo sendero, a mi Papá que desde el cielo me ha dado su fortaleza, a mi Mamá por todo el esfuerzo y dedicación que día a día me ha entregado, a mi Amor Ricardo por todo su cariño, apoyo y compañía, a mi hija Catalina y a mi familia por su constante preocupación a lo largo de este camino.

AGRADECIMIENTOS

Agradezco a todos quienes colaboraron e hicieron posible la realización de mi Tesis denominada Riesgo por *Cronobacter sakazakii* en leches en polvo para niños menores de 1 año comercializadas en la ciudad de Chillán:

- Dr. Julio Parra Flores, Nutricionista Docente Guía de Tesis, Universidad del Bío Bío.
- Proyecto DIUBB 143720
- Sr. Raúl Escobar, Laboratorio de Microbiología, Universidad del Bío Bío.
- Srta. Alejandra Contreras Fernández, Laboratorio de Experimentación, Control y Certificación de la Calidad de los Alimentos, Universidad del Bío Bío.

INDICE GENERAL

INDICE DE TABLAS

INDICE DE FIGURAS

I. INTRODUCCION

Las enfermedades transmitidas por los alimentos (ETA) en los últimos años han aumentado considerablemente, formando parte de un gran problema de Salud Pública a nivel mundial, asociado a un aumento de incidencia, prevalencia y mortalidad, generando además costos sociales y económicos asociados. La mayoría de los países han registrado un importante aumento en la incidencia de enfermedades provocadas por la presencia de microorganismos en los alimentos, en particular agentes patógenos (1), afectando al indicador de años de vida ajustados por discapacidad (AVISA) (43).

El primer alimento de los seres humanos es la leche materna (LM), forma de alimentación que contribuye con mayor efectividad al desarrollo físico y mental del niño, proporcionando nutrientes en calidad y cantidad adecuadas. Se recomienda que el niño reciba leche materna en forma exclusiva durante los primeros seis meses de vida, disminuyendo el riesgo y severidad de contraer enfermedades infecciosas (6). Sin embargo, existen circunstancias que hacen necesario buscar otras alternativas de alimentación para complementar o suplir la lactancia materna (7).

Una de ellas son las leches en polvo (LP), derivadas principalmente de la leche de vaca (7). Siendo las más utilizadas como fuente de alimentación para lactantes, aunque no son estériles y son, al igual que todos los productos lácteos, un excelente medio para el desarrollo de microorganismos potencialmente patógenos, como *Salmonella* y *Cronobacter sakazakii* (9). Este último es un microorganismo emergente que concita un elevado interés en la actualidad por estar asociado a cuadros y brotes de ETA (19).

Cronobacter sakazakii es una bacteria gram negativa que ha estado asociada a casos y brotes de sepsis, meningitis y enterocolitis necrotizante. La mayoría de las infecciones son observadas en recién nacidos prematuros y/o con bajo peso al nacer, aunque en el último tiempo se han observado casos en adultos mayores (19). La mortalidad ha sido reportada entre un 40 y 80%, provocando secuelas neurológicas en los niños afectados que sobreviven al proceso. Tan sólo presencia de este patógeno en una fórmula láctea genera alto riesgo de presentar dichas patologías (1).

El riesgo de enfermar por *C. sakazakii* al consumir LP ha sido estudiado en otros países (21;22), pero en Chile no existe información al respecto.

Según lo expuesto anteriormente es necesario poder determinar la inocuidad de las leches en polvo que se administran a los niños, por lo que el objetivo de esta investigación es evaluar el riesgo de enfermar por *Cronobacter sakazakii* en leches en polvo para niños menores de 1 año.

En esta investigación primero se realizará un análisis microbiológico general, para la detección de bacterias presentes en LP, luego siguiendo metodología científica actualizada se realizará la caracterización y cuantificación de *C. sakazakii,* finalmente se realizará la evaluación del riesgo de enfermar por presencia de dicho patógeno.

II.   MARCO DE REFERENCIA

La Organización de las Naciones Unidas para la Agricultura y la Alimentación (FAO) y de la Organización Mundial de la Salud (OMS) han expresado su preocupación con respecto al nivel de inocuidad de los alimentos (1). En los últimos años la frecuencia y el número de casos y brotes de enfermedades transmitidas por los alimentos (ETA) se han incrementado notablemente (1) constituyendo un gran problema de Salud Pública, por la alta incidencia y prevalencia, acompañado de los costos sociales, sanitarios y económicos de su tratamiento, e incluso puede llegar a ocasionar la muerte, afectando principalmente a niños menores de un año y prematuros, quienes todavía no tienen su organismo plenamente desarrollado, siendo más susceptibles de sufrir complicaciones respiratorias e infecciosas (2), afectando al indicador de años de vida ajustados por discapacidad (AVISA), que mide la pérdida de salud que se produce a raíz de la enfermedad, discapacidad o muerte, expresada en una unidad de medida común a estos tres estados: el tiempo (años) (43).

Las ETA son causadas por bacterias o virus que ingresan al organismo a través de los alimentos, provocando trastornos metabólicos e inflamación de los tejidos gastrointestinales. El cuadro clínico varía dependiendo del patógeno en específico (3).

Un brote de ETA se define como la presentación de dos o más casos de enfermedad entre individuos en quienes se demuestre un cuadro clínico similar, y el consumo de un alimento común. Las ETA ocasionan más de 200 enfermedades conocidas. Se estima que cada año a escala mundial se presentan miles de millones de episodios causados por patógenos transmitidos por alimentos, de los cuales 70% corresponden a enfermedades diarreicas. Existen continentes enteros como África con un número indeterminado de casos y otros como Sudamérica con igual problema asociado en primer término a factores de pobreza e higiene deficiente. En los países industrializados más del 50% de las enfermedades infecciosas del aparato digestivo son transmitidas por agua y alimentos. En estos países, donde se reconoce que los insumos son generalmente suficientes (energía eléctrica, disponibilidad de medios para el enfriamiento y calentamiento de alimentos), con relativo buen nivel de educación y de organizaciones de derechos de los consumidores, todos los años se tiene conocimiento de brotes por alimentos contaminados. Anualmente en Estados Unidos ocurren cerca de 400 casos de fiebre tifoidea, la mayor parte adquirida fuera del país. En este país se reportan anualmente 1,4 millones de casos de salmonelosis, aunque 30.000 se confirman por cultivo; *E. coli* O157:H7 se ha identificado en casi 73.000 casos principalmente por consumo de carne, leche y jugos no pasteurizados, hortalizas y agua inadecuadamente clorada. En Francia, la incidencia de salmonelosis humana reportada por el Centro de Investigación para *Salmonella* y *Shigella* en 2001, fue de 21 casos por 100.000 habitantes; *Salmonella enteritidis* representó el 39% de los casos (4).

En Chile al 19 de diciembre del año 2013 se han notificado 1.096 brotes de ETA con 7.344 casos, de los cuales 1,8% requirieron hospitalización (130 casos) y 0,1% falleció (5 casos). En el 33,9% de los brotes, se logra identificar un agente, de éstos en un 58,2% el agente es *Salmonella spp.* En un 47,7% de los brotes en que se logró aislar este agente el alimento involucrado eran comidas y platos preparados, seguidos de huevos y ovoproductos (13,4%) (5). Hasta esa fecha se habían notificado 4.678 casos de diarrea en centros centinela (tasa de 6,1 casos por 100 niños menores de 5 años), menor a lo registrado a igual periodo del año 2012 y cabe señalar que durante 2013, la población centinela se ha reducido en un 12% con respecto al año anterior (5).

Una fuente importante de prevención de ETA en lactantes menores es a través de la lactancia materna (LM), forma de alimentación que contribuye con mayor efectividad al desarrollo físico y mental del niño, proporcionándole los nutrientes adecuados. Se recomienda que el niño reciba LM en forma exclusiva durante los primeros seis meses de vida y que constituya parte importante de la alimentación hasta los dos años, permitiendo a los niños así alimentados tener menor riesgo de contraer enfermedades infecciosas y presentar menor incidencia y severidad de éstas. Puesto que contiene una variedad de elementos inmunológicos que destruyen bacterias, virus y parásitos (6).

Sin embargo, en circunstancias especiales como: rechazo absoluto o incapacidad de la madre para LM, disminución del contenido de proteínas, fósforo y sodio a través de la dilución, adición de minerales y vitaminas dentro de márgenes establecidos para satisfacer la ingesta recomendada de nutrientes, aumento del contenido de hidratos de carbono mediante la adición de mayor cantidad de lactosa son situaciones en la cuáles es necesario buscar otras alternativas de alimentación para complementar o suplir la LM (7).

La calidad de la leche en polvo (LP) se puede definir como la suma de sus características nutritivas, composicionales, higiénicas, microbiológicas, sensoriales y tecnológicas, todas las características antes mencionadas proporcionan una mayor o menor satisfacción a la industria láctea y al consumidor final (8). Los recuentos bacteriológicos y de células somáticas son parámetros que se emplean para determinar la calidad microbiológica de la lecha cruda y pasteurizada (9).

La alimentación con fórmulas artificiales plantea numerosos problemas como por ejemplo: asegurar que la fórmula se mezcle con agua limpia, que la dilución sea correcta, que se puedan adquirir cantidades suficientes de fórmula y que los utensilios para la alimentación, especialmente si se utilizan mamadera, puedan limpiarse adecuadamente (10). Así como también, los riesgos a los que se somete el lactante que no es amamantado o que abandona la LM antes de lo recomendado son múltiples, entre ellos: mayor riesgo de mortalidad postneonatal durante el primer año de vida y de muerte súbita del lactante, más riesgo de sufrir procesos infecciosos sobre todo gastrointestinales (diarrea), respiratorios y urinarios, y éstos de ser más graves, aumentan el riesgo de hospitalización hasta 10 veces (11).

Existen diferentes tipos de LP que están a la venta en el mercado, encontrando fórmulas lácteas de inicio y de continuación, en las primeras se encuentran las leches etapa 1 y aquellas fórmulas que han presentado alguna modificación, entre ellas están las fórmulas sin lactosa, fórmulas para prematuros, fórmulas de proteína de soya, fórmulas anti-reflujo principalmente. Las plantas de elaboración se encuentran en Chile y en el extranjero (12).

Las fórmulas infantiles de inicio son derivadas de la leche de vaca y modificadas en cantidad, calidad y tipo de nutrientes con el fin de asemejarla tanto como sea posible a la leche humana, y adaptadas a la condiciones de inmadurez digestiva y renal del recién nacido, mejorando su digestibilidad y tolerancia, disminuyendo la carga renal de solutos. Por todo ello, estas fórmulas deben ser la primera opción cuando sea necesario complementar o sustituir la LM, siempre que las condiciones socioeconómicas lo permitan. Son recomendadas para ser utilizadas durante los primeros 6 meses de vida (7).

A pesar de haber fórmulas infantiles líquidas y estériles, listas para el consumo, las LP siguen siendo las más utilizadas como fuente de alimentación para lactantes de forma exclusiva o en combinación con otros alimentos. A diferencia de las primeras, estas fórmulas no son estériles y son, al igual que todos los productos lácteos, un excelente medio para el desarrollo de microorganismos potencialmente patógenos (9). Las inadecuadas condiciones de producción, almacenamiento y manipulación de las LP son un riesgo para la salud de los lactantes, es por esto que su seguridad microbiológica es una gran preocupación para los organismos reguladores y productores, ya que su uso principal está destinada a recién nacidos que tienen un sistema inmunológico poco desarrollado y una flora intestinal poco competitiva (13). De esta forma el uso de indicadores microbianos como recuento de aerobios mesófilos (RAM) y *Enterobacteriaceae* (ENT) proporciona información útil de las condiciones de higiene durante su elaboración (14).

Los RAM son el grupo más grande de indicadores de calidad de los alimentos. Se definen como un grupo heterogéneo de bacterias capaces de crecer en un rango de temperatura entre 15-45°C, con un óptimo de 35°C (9). En este grupo se incluyen todas las bacterias, mohos y levaduras capaces de desarrollarse a 30° C en las condiciones establecidas. En este recuento se estima la microflora total sin especificar tipos de microorganismos. Refleja la calidad sanitaria de un alimento, las condiciones de manipulación, las condiciones higiénicas de la materia prima. Un recuento bajo de aerobios mesófilos no implica o no asegura la ausencia de patógenos o sus toxinas, de la misma manera un recuento elevado no significa presencia de flora patógena (15).

Las ENT constituyen un grupo grande y heterogéneo de bacterias gram negativas. Reciben su nombre por la localización habitual como saprofitos en el tubo digestivo, aunque se trata de gérmenes ubicuos, encontrándose de forma universal en el suelo, el agua y la vegetación, así como formando parte de la flora intestinal normal de muchos animales además del hombre. La temperatura óptima de crecimiento es de entre   22 °C y 37 °C. La presencia considerable de ENT en alimentos indica un tratamiento inadecuado y/o contaminación posterior al tratamiento; más frecuentemente a partir de materias primas, equipos sucios o manejo no higiénico. Así como también indica multiplicación microbiana, crecimiento de toda la serie de microorganismos patógenos y toxigénicos (9).

Se considera enfermedades entéricas de origen infeccioso a aquellas originadas por la ingesta de alimentos y/o agua o por el contacto con heces o vómitos que contienen agentes etiológicos como bacterias, virus o parásitos en cantidades que afectan a la salud del consumidor. El agente se introduce a través del tracto gastrointestinal, pudiendo provocar síntomas comunes como: náuseas, vómitos, dolor abdominal y diarrea, que pueden o no estar asociadas a fiebre. Los riesgos específicos, las medidas de control y prevención son diferentes en función del agente que provoca la enfermedad (5).

Cronobacter sakazakii es una bacteria emergente que se encuentra dentro de la familia *Enterobacteriaceae*. Inicialmente fue definido como *Enterobacter sakazakii* por Farmer y cols. (16) como un nuevo género bacteriano, y clasificado posteriormente como *Cronobacter* spp por Iversen y cols. (17). Joseph y cols. en 2012 lo reclasificaron como *Cronobacter* spp con 7 especies que son: *C. sakazakii, C. malonaticus, C. universalis, C. turicensis, C. muytjensii, C. dublinensis, C. condimenti* (18).

C. sakazakii se ha aislado en casos esporádicos y brotes epidémicos. Aunque esta bacteria ha causado enfermedades en todos los grupos de edades, está bien reconocido, en la actualidad, que los neonatos y los lactantes son un grupo con un riesgo particular. *C. sakazakii* es uno de los gérmenes oportunistas que actualmente ocupa la atención del personal de salud, y empresas elaboradoras de productos lácteos desecados, por su vinculación a procesos infecciosos invasivos, con alta tasa de morbilidad y mortalidad y que dejan en algunos casos, importantes secuelas neurológicas teniendo la particularidad de estar relacionado directamente al consumo de fórmulas a base de leche en polvo, preparadas para niños lactantes. Parece tener una predisposición para infectar al sistema nervioso central, ha sido asociado con una variedad de enfermedades severas tales como sepsis generalizadas, meningitis, cerebritis, y enterocolitis necrosante (19).

C. sakazakii se encuentra con mayor frecuencia que *Salmonella* en el entorno de la fabricación siendo una fuente potencial de contaminación después del tratamiento térmico de fórmulas lácteas. En Chile en el Reglamento Sanitario de los Alimentos (RSA) no figuran criterios específicos para este microorganismo. Se consideró que incluso niveles bajos de contaminación por *C. sakazakii* en los preparados en polvo para lactantes constituían un factor de riesgo, dado el potencial de multiplicación durante la preparación y el tiempo de conservación antes del consumo del preparado reconstituido (1).

El riesgo se puede definir como la probabilidad de que se produzca un evento que puede afectar adversamente a la salud de las poblaciones humanas, considerando en particular la posibilidad de que se propague internacionalmente o pueda suponer un peligro grave y directo (20).

13

La probabilidad de enfermar por este patógeno ha sido estimada en muy pocos países. En Estados Unidos se estima una tasa de infección de 1 por 100 000 niños recién nacidos y que aumenta a 9.4 por 100 000 en niños con un peso menor a 1,500 g (21). En Holanda, se estima una probabilidad de 0,53 casos de infección por año con una tasa de 1 por 100 000 niños (22). En Chile se desconoce esta información, ya que *C. sakazakii* no es parte de la pesquisa habitual de notificación.

Estudios de prevalencia de *Cronobacter sakazakii* en leche en polvo se han realizado en diferentes países, durante el año 2008 en Cuba se analizaron 60 muestras de leche en polvo procedentes de nueve países, 42 muestras correspondieron a leche entera y las restantes a leche descremada en polvo, en las cuales se obtuvo crecimiento de *enterobacteriaceae* en 26 muestras (43,3%). Una sola cepa dio resultado presuntivo de *C. sakazakii* por pruebas bioquímicas, la misma se confirmó por API 20 E para 1,7% de positividad, porcentaje que se encuentra por debajo de lo informado por otros investigadores (19).

En Chile en el año 2008 se realizó un estudio de detección de *Cronobacter spp. (Enterobacter sakazakii)* y *enterobacteriaceae* desde fórmulas lácteas infantiles, los resultados obtenidos indicaron que en 4 (5%) de 80 muestras analizadas se aisló *Cronobacter* spp, lo que se asemeja a lo obtenido en otros países por diferentes autores, quienes han reportado un aislamiento de 6,6% en 120 muestras (Nazarowec-White y col 1997) y 4,2% de 72 muestras (Iversen y Forsythe 2004) (23).

Otro estudio realizado en el año 2009 sobre de fórmulas en polvo para lactantes y alimentos infantiles se llevó a cabo en 8 laboratorios de 7 países, en el cual se analizó un total de 290 productos, 14 muestras (4,5%) tenían RAM > 105 ufc/g, 3 de los cuales contenía cultivos probióticos. *C. sakazakii* fue aislada de 27 productos, correspondiente al 9,3% (24).

Una investigación realizada en México en el año 2010 sobre dos casos de gastroenteritis aguda que ocurrieron en bebés de 5 meses de edad hospitalizados en la unidad materno-infantil en Querétaro, analizó la presencia *C. sakazakii* en las fórmulas lácteas de inicio consumidas por los lactantes y sus muestras fecales; en el cual se encontró que el microorganismo estuvo presente en niveles de 0,33 NMP/g. y 24 NMP/ml. en fórmulas de inicio en polvo y fórmulas de inicio en polvo reconstituidas, respectivamente.

14

La dosis ingerida total para el día antes de la aparición del síndrome diarreico osciló entre 2160 y 3600 NMP/ml. Todas las cepas de *C. sakazakii* mostraron biotipos idénticos, factores de adhesión y la invasión, y los perfiles de electroforesis en gel de campo pulsado. No se observó muerte en los lactantes; y no se encontró *Salmonella*, *Shigella* y *Escherichia coli* enterotoxigénica en los alimentos o muestras fecales analizadas (23).

Existe como normativa vigente en Chile el RSA N° 977/96 que establece las condiciones sanitarias a que deberá ceñirse la producción, importación, elaboración, envase, almacenamiento, distribución y venta de alimentos para uso humano, con el objeto de proteger la salud y nutrición de la población y garantizar el suministro de productos sanos e inocuos, para dar cumplimiento a lo anterior el RSA define criterios microbiológicos, correspondiendo al valor o la gama de valores microbiológicos, establecidos mediante el empleo de procedimientos definidos, para determinar la aceptación o rechazo del alimento muestreado, sus parámetros son: RAM, coliformes, *Bacillus cereus*, *Salmonella* en 25 g, *S. aureus* (25).

III. JUSTIFICACION DEL PROBLEMA

Las leches en polvo (LP) son un producto alimentario ampliamente consumido por la población en general, debido a que se produce en grandes volúmenes, es de fácil acceso, siendo un producto no estéril.

En Chile una estrategia impórtate y que ha perdurado en el tiempo en la Salud Pública es el Programa Nacional de Alimentación Complementaria (PNAC) y el Programa de Alimentación Complementaria del Adulto Mayor (PACAM) entregan gratuitamente LP a gestantes, puérperas, niños de 0 a 6 años y adultos mayores respectivamente, dependiendo del estado nutricional de éstos; y aquellas personas que no desean retirar estos productos en el centro de salud respectivo, deciden comprar la LP en supermercados o farmacias.

Existen riesgos microbiológicos asociados al consumo de LP y que han producido muertes y enfermedades en grupos de población bien definido (lactantes, adultos mayores) en varios países.

Cronobacter sakazakii es un patógeno reciente asociado a daños graves en la salud de niños menores de 1 año, como: septicemia, meningitis y enterocolitis necrotizante. Este patógeno no es objeto de vigilancia o pesquisa en Chile y menos de notificación obligatoria, al no estar incorporado en el Reglamento Sanitario de los Alimentos (RSA).

Actualmente no existe información epidemiológica asociada a este patógeno referido a su prevalencia, incidencia y riesgo asociado en Chile, sólo hay un estudio realizado en una empresa productora de LP en nuestro país durante en el año 2008, en el cual se encontró una incidencia de *C. sakazakii* en 5% de las muestras analizadas.

Este trabajo constituirá un aporte empírico para la investigación científica nacional, ya que servirá como base para la incorporación de *Enterobacteriaceae* y *C. sakazakii* dentro de la reglamentación vigente.

Además, se proporcionará información a las autoridades de salud pública y a las empresas productoras de LP con el fin de que mejoren sus sistemas de control y calidad microbiana.

IV. OBJETIVOS

IV.1 OBJETIVO GENERAL

✓ Evaluar el riesgo de enfermar por presencia de *Cronobacter sakazakii* en leches en polvo para niños menores de 1 año comercializadas en la ciudad de Chillán.

IV. 2 OBJETIVOS ESPECIFICOS

✓ Analizar la calidad microbiológica de las leches en polvo según tipo, país de origen y marca.

✓ Identificar cepas de *C. sakazakii* aisladas de leches en polvo.

✓ Relacionar la positividad de *C. sakazakii* por tipo de leche y país de origen.

✓ Valorar el riesgo de enfermar por presencia de *C. sakazakii*.

V. HIPÓTESIS

1) La prevalencia de *Cronobacter sakazakii* en leches en polvo para niños menores de 1 año comercializadas en Chillán es igual o mayor al 5% reportado en Chile.

2) El riesgo de enfermar por presencia de *Cronobacter sakazakii* al consumir leches en polvo en niños menores de 1 año es igual o mayor a 1 por cada 100.000 recién nacidos.

VI. MATERIALES Y MÉTODOS

VI.1 DISEÑO METODOLOGICO

Tipo de estudio: Analítico de corte transversal.

Universo: Fórmulas lácteas en polvo nacional y extranjeras.

Muestra: Se sutilizaron los criterios de muestreo n: 60; c: 0; m: 0/25 gramos y un plan de 2 clases según la norma CAC/RPC 66 (2008) del Codex Alimentarius (26). Durante el periodo agosto 2013 - enero 2014 se colectaron 72 unidades de leche en polvo (7 latas de prematuros y 65 latas etapa 1 o iniciación) de 400 g. de 3 marcas y 3 países, comercializadas en supermercados de Chillán. En Chile no existe norma para este patógeno.

Unidad de estudio: Fórmulas lácteas en polvo nacional y extranjeras para niños menores de un año.

Fuente de información: primaria.

Materiales

- ✓ Fórmulas lácteas de inicio en polvo
- ✓ Guantes
- ✓ Bolsas estériles
- ✓ Cucharas estériles
- ✓ Placas de Petri
- ✓ Tubos de ensayo
- ✓ Micropipeta Biohit
- ✓ Puntas micropipeta 1 ml.
- ✓ Agua peptonada buffer
- ✓ Agar plate count
- ✓ Agar bilis rojo violeta con glucosa
- ✓ Caldo enterobacteriaceae
- ✓ Agar cromogénico DFI

- ✓ Agar soya tripticaseína

Equipos
- ✓ Stomacher Marca Seward, Modelo 400 circulator
- ✓ Estufa de 35°C Harareus, Modelo B-6
- ✓ Vórtex Mini Secouer, IKA, MS1
- ✓ Cuenta colonias Quebec, Leica

Metodología
- ➤ Las leches en polvo fueron clasificadas según:
  - ✓ Tipo: de acuerdo a la población que la consume
    - • Prematuros: fórmula láctea en polvo destinada a niños nacidos antes de las 37 semanas de gestación.
    - • Etapa I: fórmula láctea destinada a niños de 0 a 6 meses de vida.
  - ✓ País de origen: lugar de procedencia
    - • Chile
    - • México
    - • Holanda
  - ✓ Marca Comercial:
    - • 1
    - • 2
    - • 3

- ➤ Microorganismos indicadores

Se determinó el recuento de microorganismos aerobios mesófilos (RAM) y *Enterobacteriaceae* (*ENT*) para tener una visión de la inocuidad microbiológica del producto. La cuantificación de ambos grupos microbianos se realizó siguiendo la metodología descrita en el Compendium of Methods for the Microbiologycal Examination of Foods (American Public Health Association, Puch and Ito, 2001) (27).

- Recuento de Microorganismos Aerobios Mesófilos (Nch 2659 of 2002) :

De forma aséptica se tomaron 25 g. de cada lata de fórmula en polvo los cuales se vaciaron a una bolsa estéril y se mezclaron con 225 ml. de agua peptonada buffer (BPW, Buffered peptone Water, Oxoid Ltda, England), siempre en una proporción 1:9. Se homogenizó en Stomacher 400 por 60 seg. a velocidad media de 230 rpm. Se obtuvo una dilución 1:10 (10^{-1}). Se preparó una segunda dilución decimal seriada de la muestra, traspasando 1 ml. de la dilución anterior a un tubo que contenía 9 ml. de diluyente, así se obtuvo la segunda dilución (10^{-2}). Se depositó 1 ml. de las diluciones 10^{-1} y 10^{-2} en placas de Petri previamente identificadas., luego se vertió en cada placa aprox. 15 ml. de Agar Plate Count, previamente fundido, mantenido en baño de agua a 45-48°C y se mezcló moviendo la placa con movimientos de vaivén (girándola suavemente 5 veces en sentido horario, 5 veces en el sentido antihorario, 5 veces de izquierda a derecha y 5 veces de arriba hacia abajo). Se dejó solidificar el agar a temperatura ambiente, posteriormente se invirtieron las placas rápidamente, para prevenir el crecimiento de colonias invasivas por acumulación de humedad. Se incubaron las placas en forma invertida a 35°C durante 48 horas. Luego de cumplir el período de incubación, realizó la lectura de las placas, contando todas las colonias, incluyendo aquellas de tamaño muy pequeño, preferentemente en aquellas placas que contenían entre 25 y 250 colonias, realizando el registro obtenido en cada una de las diluciones.

El recuento total de microorganismos aerobios mesófilos se obtiene mediante la siguiente fórmula: $N = A \; x \; D$

Donde N, es el recuento total de microorganismos aerobios mesófilos por gramo ó ml. de producto; A, número de colonias contadas en la placa seleccionada y; D, es el valor recíproco del factor de dilución respectivo.

- Recuento de *Enterobacteriaceae* (Nch 2676 of 2002):

Se utilizó la misma preparación de diluciones que se ocupó para recuento de RAM. Se tomó 1 ml. de las diluciones 10^{-1} y 10^{-2} y se depositó en placas de Petri, previamente rotuladas. Se vertió en cada placa 15 ml. de Agar Glucosa Bilis Rojo Violeta con Glucosa (VRBG) previamente fundido y temperado a 44 -46°C. Se mezcló el inóculo con el agar

21

siguiendo las instrucciones dadas anteriormente en RAM. Una vez solidificado el agar con el inóculo, se añadió una segunda capa con 4 a 5 ml. del mismo agar, solidificado éste se incubaron las placas invertidas a 35°C durante 24 horas. Luego de cumplir el período de incubación, realizó la lectura de las placas, preferentemente aquellas placas que presentaron entre 15 y 150 colonias. Se contaron las colonias sospechosas de *Enterobacteriaceae* (fermentadoras de glucosa). Se registró como recuento presuntivo el número de colonias contadas en cada dilución y se multiplicó por el valor recíproco del factor de dilución correspondiente.

> Aislamiento de *Cronobacter sakazakii*

De forma aséptica se tomaron 25 g. de cada lata de fórmula en polvo los cuales se vaciaron a una bolsa estéril y se mezclaron con 225 ml. de agua peptonada buffer (BPW, Buffered peptone Water, Oxoid Ltda, England), siempre en una proporción 1:9. Se homogenizó en Stomacher 400 por 60 seg. a velocidad media de 230 rpm., posterior incubación a 37°C por 24 hrs., se extrajo 1 ml. de cada bolsa, previa homogenización, el cual fue inoculado en 9 ml. de caldo de enriquecimiento *Enterobacteriaceae* (EE), los tubos se incubaron a 37°C durante toda la noche. De la suspensión en cultivo una vez homogenizada en stomacher con la técnica descrita anteriormente, se extrajo una asada y se estrió en Agar Cromogénico Brillance E. sakazakii Druggan-Forsythe- Iversen (DFI) (Oxoid Termo-Fisher, UK) a 37°C por 20 horas. Las colonias presuntivas (color verde o azul) se purificaron en agar soya tripticaseína (Difco).

> Identificación fenotípica de *Cronobacter sakazakii*

Se realizó mediante test metabólicos a través del kit comercial ID32E (Biomerieux), siguiendo las indicaciones del fabricante (28).

> Identificación mediante multilocus sequence typing (MLST)

Se utilizó la metodología descrita en http://pubmlst.org/cronobacter. Todas las soluciones utilizadas de PCR CORE Kit Qiagen (Cat N°. 201225). La secuenciación y purificación de los productos amplificados se realizó en MACROGEN[MR], Korea y Source

Bioscience Sequencing, Nottingham, UK. Este trabajo se realizó en el Pathogen Research Centre, Nottingham Trent University, Inglaterra.

➢ <u>Cuantificación por la técnica de número más probable (NMP)</u>
Se utilizó la técnica de número más probable descrita por Palcich et al. (2009). La leche rehidratada fue distribuida en volúmenes (100, 10, 1, 0.1, 0.01 y 0.001) e incubada por 24 h a 37° C. Los límites se establecieron de 0,009 a 316 NMP/g de LP con un 95% de confianza.

➢ *Cronobacter sakazakii* fue clasificado de la siguiente manera:
- Presencia: $\geq$ 1 NMP por gramo de leche en polvo.
- Ausencia: 0 NMP por gramo de leche en polvo.

➢ <u>Valoración del riesgo de enfermar por presencia de *Cronobacter sakazakii:*</u>
1.1) Según parámetros microbiológicos del RSA 1997: Párrafo III, Especificaciones microbiológicas por grupo de alimentos, Artículo 173, 1. Leches y productos lácteos:
- Riesgo Bajo: RAM $\leq$ 10.000 UFC/g.
- Riesgo Alto: RAM $\geq$ 10.000 UFC/g.

1.2) Según criterios microbiológicos del código de prácticas de higiene para los preparados en polvo para lactantes y niños pequeños, CAC/RCP 66 – 2008, Anexo 1:
- Riesgo Bajo: ENT = 0 UFC/10 g.
- Riesgo Alto: ENT $\geq$ 1 UFC/10 g.

2) Según cumplimiento de directrices de preparación, almacenamiento y manipulación en condiciones higiénicas de preparaciones en polvo para lactantes propuestas por la OMS.
- Cumple
  - ✓ Indicaciones de higiene: lavado de manos con agua y jabón, lavado de utensilios con agua jabonosa caliente, enjuague, esterilización de los utensilios, desinfección superficie.

23

✓ Tº Reconstitución: reconstituir la LP con agua hervida, dejándola enfriar hasta no menos de 70° C, máx. 30 min.

✓ Tº Almacenamiento: refrigerar la LP a 5°C por un máximo de 24 hrs., calentar a baño maría máx. 15 min.

✓ Periodo de consumo: consumir la LP dentro de 2 hrs. máx. luego de ser reconstituida:

- No cumple

3) Utilizando un modelo predictivo:

El riesgo de enfermar es la probabilidad de que se produzca un evento que puede afectar adversamente a la salud de las poblaciones humanas (20).

Para valorar el riesgo de enfermar (número de casos de infección) por presencia de *Cronobacter sakazakii* en leches en polvo se utilizó la siguiente ecuación (22):

N° casos= RN x % niños con LP x r

Donde RN corresponde al total de recién nacidos vivos por año, % niños con LP corresponde al total de niños que no son amamantados con leche materna y r es el valor dosis-respuesta estimado que fluctúa en el rango de 0.0000000001 y 0.00001 (29).

VI.2 DETERMINACIÓN DE VARIABLES

VI.2.1 VARIABLE DEPENDIENTE

✓ Riesgo de enfermar por *Cronobacter sakazakii.*

VI.2.2 VARIABLES INDEPENDIENTES

✓ Tipos leches en polvo.

✓ País de origen leches en polvo.

✓ Calidad Microbiológica.

VI.3 DEFINICION CONCEPTUAL DE LAS VARIABLES

Variable	Definición Conceptual	Definición Operacional
Riesgo de enfermar	Probabilidad o cuantificación que tiene un individuo de presentar una enfermedad o daño para la salud	Estimación: 1 2 3
Cronobacter sakazakii	Bacteria patógena capaz de generar problemas de salud a la población, especialmente niños	Presencia o ausencia
Tipos leches en polvo	Leche deshidratada para niños menores de un año.	Prematuros Etapa 1
País de origen leches en polvo	Lugar de procedencia de la leche en polvo.	Chile México Holanda
Calidad microbiológica	Cuantificación de bacterias mesófilas aéreas según RSA	UFC/g.
	Cuantificación de *Enterobacteriaceae*	UFC/g.

VI.4 ANALISIS DE LA INFORMACIÓN

VI.4.1 RECOLECCIÓN DE DATOS

La información se recolectará en planillas excel agrupando los datos obtenidos del muestreo por tipo de leche, país de origen y marca.

VI.4.2 ANALISIS DE LOS DATOS

Para describir se usaron medidas de tendencia central, dispersión y posición en el caso de variables cuantitativas, y frecuencias absolutas y porcentajes para variables cualitativas. Para comparar se utilizó la prueba de Mann- Whitney y Kruskall- Wallis utilizando el software STATA 7.0 con un nivel de significancia $\alpha=0,05$

VII. RESULTADOS

Durante el periodo comprendido entre agosto 2013 y enero 2014, se analizaron 72 muestras de leche en polvo pertenecientes a 3 países y marcas diferentes. El muestreo fue realizado en el Laboratorio de Microbiología de la Universidad del Bío Bío, Campus Fernando May, Chillán. La información que se presenta a continuación son Resultados Preliminares de un Proyecto de Investigación DIUBB 143720 de la Universidad del Bío-Bío.

Figura 1: Recuento de bacterias aerobias mesófilas (RAM) según tipo de leche.

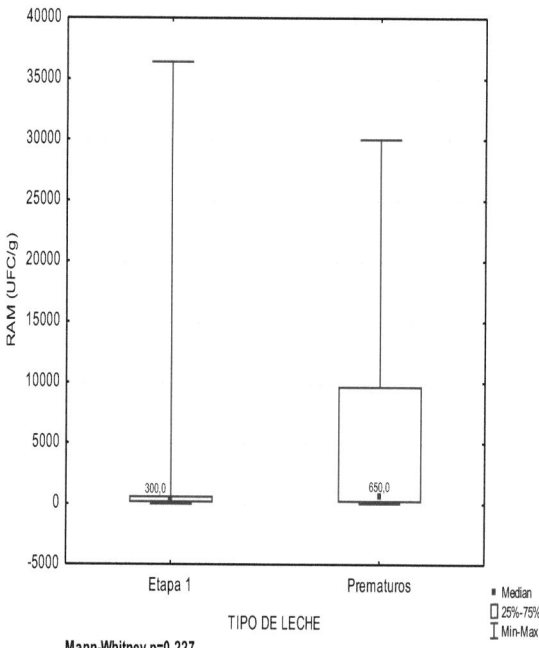

Para los recuentos de RAM, el 50% de las muestras de leche en polvo etapa 1 tenían al menos 300 UFC/g (10-36.000) y 650 UFC/g (70-30.000) para leche en polvo de prematuros, sin existir diferencias estadísticamente significativa en el contenido de RAM entre ambos tipos de leche (p =0,227).

Figura 2: Recuento de bacterias aerobias mesófilas (RAM) según país de origen de la leche.

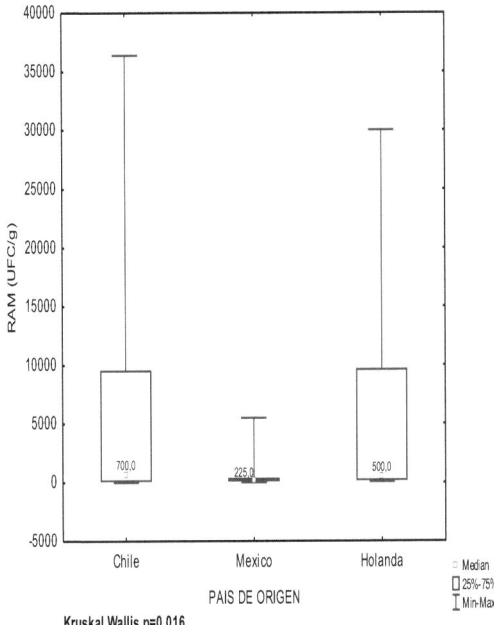

Por país de origen, se encontró un P_{50} global de RAM de 300 UFC/g (10-36.000), con un recuento para Chile 700 UFC/g (30-36.000); México 225 UFC/g (10-5.000) y Holanda 500 UFC (70-30.000). Existiendo diferencia estadísticamente significativa entre el RAM y el país de origen de la leche en polvo (p= 0,016), siendo Chile el que presentó mayor cantidad.

Figura 3: Recuento de bacterias aerobias mesófilas (RAM) según marca de la leche.

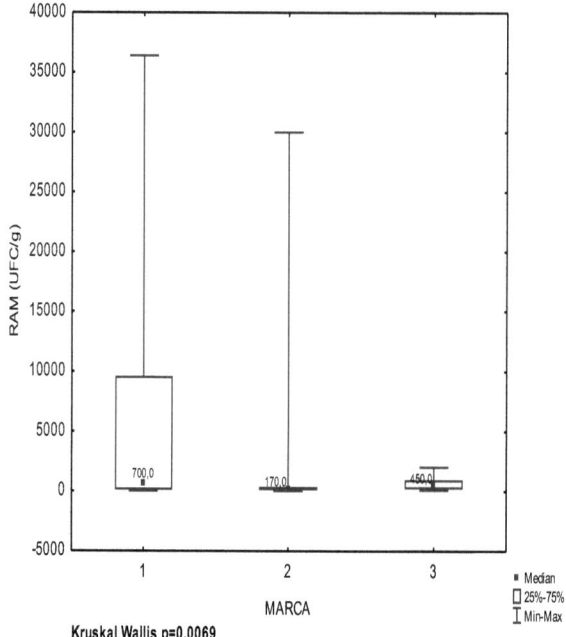

Para la marca n° 1 el P_{50} global muestra que la mitad de las muestras tenía al menos 700 UFC/g (30-36.000), n° 2 de 170 UFC/g (10-30.000) y n° 3 de 450 UFC/g (100-2.000). Se observó que existe diferencia estadísticamente significativa entre el RAM y la marca de la leche en polvo, predominando la cantidad de RAM en la marca n°1 (p= 0,0069).

Figura 4: Recuento de *Enterobacteriaceae* (ENT) según tipo de leche.

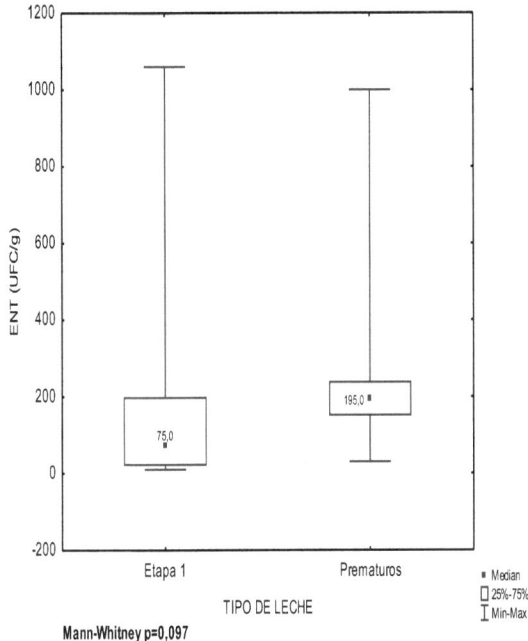

Para los recuentos de ENT en leches en polvo etapa 1, el 50% de las muestras contenían al menos 75 UFC/g (10-1.060) y 195 UFC/g (30-1.000) para leche en polvo de prematuros. Sin existir diferencia estadísticamente significativa entre presencia de ENT y tipo de leche en polvo (p= 0,097).

Si se consideran los rangos en los recuentos de ENT en leche en polvo de prematuros, el 28.6% (2/7) tenía menos de 100 UFC/g, 57.1% (4/7) de 100 a 500 y 14.3% (1/7) con 1.000 UFC/g. Para la leche en polvo Etapa 1, el 61% contenía menos de 100 UFC/g, un 36% entre 100 y 1.000 y solo 3% con 1.000 UFC/g.

Figura 5: Recuento de *Enterobacteriaceae* (ENT) según país de origen de la leche.

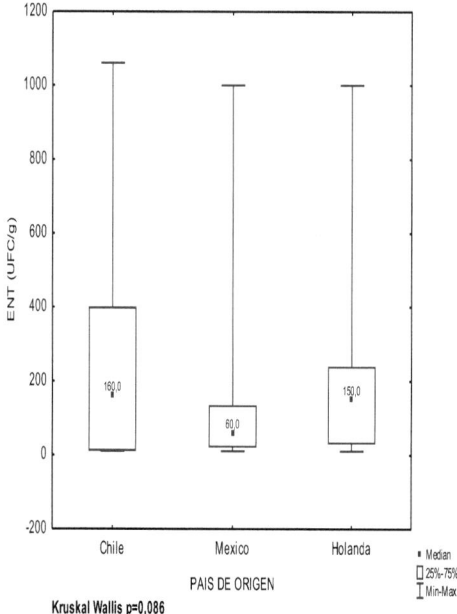

Por país de origen, se encontró un P_{50} global fue de 90 UFC/g (10-1.060), siendo para Chile 160 UFC/g (10-1.060), México 60 UFC/g (10-1.000) y Holanda 150 UFC (10-1.000). A pesar de que no hay diferencia estadísticamente significativa entre presencia de ENT y país de origen de la leche en polvo (p= 0,086), la mayor cantidad de éstos la obtuvo Chile.

Figura 6: Recuento de *enterobacteriaceae* (ENT) según marca de la leche.

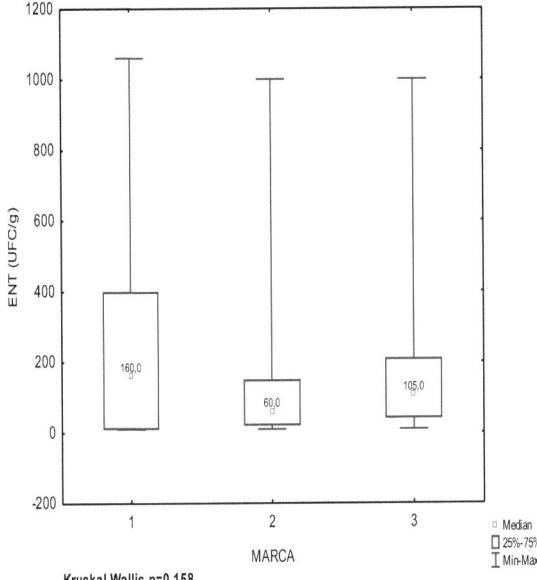

Kruskal Wallis p=0,158

Para la marca n° 1, el P_{50} global muestra que la mitad de las muestras tenían 160 UFC/g (10-1.060), la n° 2 con 60 UFC/g (10-1.000) y la n° 3 con 105 UFC/g (10-1.000), sin existir diferencia estadísticamente significativa (p=0,158), predominó la cantidad de ENT en la marca n°1.

Tabla 1: Identificación mediante ID32E de cepas de *C. sakazakii* sospechosas en agar DFI.

Cepa	DFI	Identificación
CH3	Colonias verde-azul	*Enterobacter sakazakii 99.9%*
CH10	Colonias verde-azul	*Enterobacter sakazakii 99.9%*
CH18	Colonias verde-azul	*Enterobacter sakazakii 99.9%*
CH23	Colonias verde-azul	*Enterobacter sakazakii 99.9%*
CH25	Colonias verde-azul	*Enterobacter sakazakii 99.9%*
CH26	Colonias verde-azul	*Enterobacter sakazakii 99.9%*
CH30	Colonias verde-azul	*Enterobacter sakazakii 99.9%*
CH33	Colonias verde-azul	*Enterobacter sakazakii 99.9%*
CH34	Colonias verde-azul	*Enterobacter sakazakii 99.9%*
CH35	Colonias verde-azul	*Enterobacter sakazakii 99.9%*
CH41	Colonias verde-azul	*Enterobacter sakazakii 99.9%*

Se aislaron 11 cepas características (verde-azul) en agar diferencial DFI de muestras manufacturadas en Chile, las que se identificaron como *Enterobacter sakazakii* mediante ID32E con 99.9%

Tabla 2: Identificación de cepas *C. sakazakii* mediante MLST (*fusA*) y su cuantificación ~~de~~ mediante NMP.

Cepa	Perfil *fusA*	Identificación	Cuantificación (NMP/g)	Observaciones
CH3	1	*C. sakazakii*	0,23	
CH10	71	*Franconibacter helveticus*	0,002	Antes *C. helveticus*
CH18	1	*C.sakazakii*	2,3	
CH23	58	*Enterobacter* spp	0,23	
CH25	58	*Enterobacter* spp		
CH26	58	*Enterobacter* spp	0,23	
CH30	85	*Enterobacter* spp		
CH33	85	*Enterobacter* spp		
CH34	58	*Enterobacter* spp		
CH35	71	*Franconibacter helveticus*	0,94	Antes *C. helveticus*
CH41	75	*Enterobacter* spp		

Para MLST se amplificaron 11 cepas, dos de las cuales fueron identificadas como *Cronobacter sakazakii* con 0.23 y 2.3 NMP/g y *Franicobacter helveticus* con 0.023 y 0.94 NMP/g en otras dos cepas. El resto de las cepas fueron identificadas como *Enterobacter* spp.

Tabla 3: Positividad de *Cronobacter sakazakii* en muestras de LP según tipo y país de origen.

País	N	Prematuros (+)	Etapa 1 (+)	Total (+)	%
Chile	21	NP	2	2	9,5
México	44	NP	0	0	0
Holanda	7	0	NE	0	0
Total	72	0	2	2	2,7

NP: No producen este tipo de LP
NE: No evaluadas

Según tipo de leche, se observa que no hubo presencia de *C. sakazakii* en LP destinadas a niños prematuros, por el contrario, si hubo positividad de éste en fórmulas lácteas etapa 1. Al relacionar la positividad *C. sakazakii* con el país de origen, se evidencia ausencia del patógeno en LP elaboradas en México y Holanda.

La prevalencia de *C. sakazakii* fue de 2.7%, siendo confirmadas solo 2 cepas de lotes diferentes elaborados en Chile. Para las muestras producidas en Chile la prevalencia del patógeno fue de 9.5%.

Tabla 4: Cumplimiento de aceptabilidad de recuento de bacterias mesófilas aerobias (RAM) según el Reglamento Sanitario de los Alimentos (RSA).

Clases(*)	Cumplimiento	
	n	%
Aceptable	66	92
Medianamente aceptable	6	8
Rechazable	0	0
Total	72	100

(*) Aceptable <10.000 UFC/g

Medianamente aceptable >10.000 a < 50.000 UFC/g

Rechazable >50.000 UFC/g

El 92% de las muestras evaluadas según este indicador y teniendo como referencia el RSA, cumplía con niveles microbiológicos aceptables (<10.000 UFC/g), el 8% como medianamente aceptables (>10.000 a <50.000 UFC/g) y no existiendo muestras rechazables con valores > a 50.000 UFC/g. Solo cuatro muestras contenían probióticos con valores menores a 100 UFC/g. Al evaluar el riesgo mediante este parámetro se observa que existe bajo riesgo en la mayoría de las muestras analizadas.

Tabla 5: Cumplimiento de directrices en la preparación, almacenamiento y manipulación en condiciones higiénicas en etiquetado de leches en polvo para lactantes según guías 2007 de la OMS.

País origen leche polvo	Indicaciones de higiene (1)	T° Reconstitución (2)	T° Almacenamiento (3)	Periodo de almacenamiento y consumo (4)
Chile	No cumple	No cumple	No cumple	No cumple
México	No cumple	No cumple	No cumple	No cumple
Holanda	No cumple	No cumple	No cumple	No cumple

*(1) Lavado de manos con agua y jabón, lavado de utensilios con agua jabonosa caliente, enjuague, esterilización de los utensilios, desinfección superficie.
(2) Reconstituir la LP con agua hervida, dejándola enfriar hasta no menos de 70° C, máx. 30 min.
(3) Refrigerar la LP a 5°C por un máximo de 24 hrs., calentar a baño maría máx. 15 min.
(4) Consumir la LP dentro de 2 hrs. máx. luego de ser reconstituida.

Se evidencia claramente que ninguna de las empresas productoras de leche en polvo evaluadas cumplen las directrices propuestas por la OMS, puesto que ningún envase posee las indicaciones de higiene y temperatura del agua al momento de la preparación, tampoco indica el periodo y la temperatura de almacenamiento, por lo tanto, genera mayor riesgo de enfermar en los lactantes que consumen este tipo de fórmulas lácteas.

Tabla 6: Riesgo de enfermar (n° de casos de infección) por presencia *Cronobacter sakazakii* utilizando un modelo predictivo.

N° de casos	Mínimo*	Máximo*
Según Reij y cols.	0.000062	1

*Por cada 100.000 RN que consumen LP.

Al hacer el cálculo utilizando la estimación propuesta por Reij y cols. sobre el riesgo de enfermar (n° de casos infección) por *Cronobacter sakazakii*, éste se encuentra en un rango de 0.000062 y 1 por cada 100.000 recién nacidos alimentados con leche en polvo.

VIII. DISCUSIÓN

La leche materna es el alimento natural e ideal destinado al consumo de los recién nacidos. Aporta la totalidad de los nutrientes necesarios para la primera etapa de la vida y favorece el desarrollo del sistema inmune, otorgando protección a infecciones invasivas del tracto gastrointestinal (30). La Organización Mundial de la Salud recomienda su consumo exclusivo hasta los 6 meses de vida y en combinación con otros alimentos, hasta los 2 años (31). Una alternativa a la lactancia materna son las leches en polvo (LP), que se obtienen a partir de leche de vaca y que por su proceso de elaboración industrial la población microbiana disminuye considerablemente. Por ello, estos productos no deben ser reconocidos como un producto estéril (32). De esta forma el uso de indicadores microbianos como recuento de aerobios mesófilos (RAM) y *Enterobacteriaceae* (ENT) nos proporciona información útil de las condiciones de higiene durante su elaboración.

De acuerdo al contenido de RAM en las muestras evaluadas, el 92% (66/72) de las muestras fueron calificadas como aceptables y el 8% (6/72) medianamente aceptables según el RSA. De las 6 muestras consideradas medianamente aceptables, cinco correspondieron a Chile. La otra muestra corresponde a LP elaborados en Holanda y destinada al consumo de niños prematuros, no existiendo riesgo en la mayoría de las muestras al ser evaluado este parámetro. Estos valores de RAM son similares a los obtenidos por Chap y cols, que al estudiar 136 muestras de LP a nivel internacional encontró que el 75% de las muestras tenían menos de 100 UFC/g, el 16,2% entre 100 y 1.000 UFC/g, el 2.9 % de 1.000 a 10.000 y el 5,1 % con más de 100.000 UFC/g. Evidenciando la necesidad de controlar las fuentes de contaminación de los LP debido al amplio rango de microorganismos presentes en el RAM y por la mayor susceptibilidad de infección que tienen los niños prematuros y lactantes (33).

Con respecto a ENT, el 100% de las muestras analizadas presentaban valores por sobre lo permitido según norma internacional del Codex CAC RPC 66, que exige ausencia de este indicador en 10 g de LP. Estos resultados no se pueden comparar con el estándar de Chile ya que el RSA vigente no considera valores para este grupo indicador. Aun cuando, no existen diferencias significativas por tipo, marca o país de origen de la LP (p>0,05), la presencia de *Enterobacteriaceae* en LP es un factor de riesgo por sí solo. Esta situación no es del todo excepcional, Reich y cols. en una planta de proceso de LP en Alemania,

39

encontraron ENT en todas las muestras analizadas, y en siete lugares con valores muy superiores a 500 UFC/g. Enfatizando la necesidad del monitoreo en el proceso de elaboración y de medidas de inocuidad e higiene durante su producción (34).

La alta positividad a ENT en esta investigación es compatible con la presencia de varios microorganismos oportunistas y patógenos asociados a enfermedad en lactantes en diversas publicaciones (1). Por lo que estos hallazgos deben ser analizados en términos del riesgo asociado al consumo de LP en lactantes, del poco control que estarían realizando las empresas elaboradoras y de la autoridad de salud responsable en nuestro país. Aun cuando, la asociación de enfermar con la ingesta de LP contaminados con ENT aún no se ha establecido con certeza, su ausencia en el LP proporciona una protección adicional a los recién nacidos, especialmente para prematuro, inmunocomprometidos, y recién nacidos de bajo (<2500 g) y muy bajo (<1500 g) peso al nacer, durante la preparación, almacenamiento, o la administración de la alimentación infantil (35).

Debido a la necesidad de asegurar la inocuidad de los LP en lactantes, la FAO/OMS ha realizado dos reuniones de expertos estudiando casos de enfermedades relacionadas a su consumo, ya sea epidemiológica o microbiológicamente. Se identificaron tres categorías de microorganismos con base en la solidez de las pruebas de una relación causal entre su presencia en los LP y la enfermedad de éstos: A) microorganismos con claras pruebas de causalidad, *Salmonella entérica* y *Cronobacter* (*Enterobacter sakazakii*); B) microorganismos para los cuales la causalidad es posible pero que no ha sido demostrada todavía, principalmente de la familia *Enterobacteriaceae*, y C) microorganismos en los cuales la causalidad es menos probable o no ha sido demostrada todavía, y que no han sido identificados en LP (36). Las orientaciones entregadas por estas comisiones de expertos fundamentan la necesidad de revisar los criterios microbiológicos del RSA vigente en términos de asegurar la inocuidad de la LP que se comercializan en nuestro país.

Además de encontrar otras especies de ENT en la LP, se identificó *Cronobacter sakazakii* en dos lotes de leches producidas en Chile, prevalencia global 2.7%. La presencia de este patógeno debe ser objeto de estudio y fiscalización por parte del fabricante y de las autoridades, debido a su alta letalidad y secuelas neurológicas que produce (37).

A fines de 2011 en Estados Unidos, 4 niños menores de 6 meses enfermaron gravemente de meningitis al consumir LP contaminada por *C. sakazakii* de los cuales dos

40

murieron. Se identificó la presencia en las cepas aisladas del complejo clonal ST4 que ha sido asociado al desarrollo de meningitis neonatal y que está presente en todos los casos de meningitis asociada a este patógeno en los últimos 30 años (38).

La cuantificación de este patógeno en una de las muestras fue de 2.3 NMP/g, valor muy elevado de acuerdo a lo que reporta la literatura científica (1). Si se considera que un lactante consume varias veces al día y diferentes volúmenes, el riesgo aumenta. Aún cuando la dosis infectante es desconocida, Iversen y cols, propusieron 1.000 UFC (39), diferente de expresada por la OMS de 10.000 UFC (1).

Además, se identificó en 2 cepas de dos muestras producidas en Chile a *Franconibacter helveticus*, germen conocido hasta julio 2014 como *Cronobacter helveticus*, especie estrechamente relacionada a *Cronobacter spp* (40).

Otro aspecto importante a considerar es que desde el año 2007, la OMS recomienda normas de higiene en la preparación de fórmulas lácteas, entre ellas el lavado de manos con agua y jabón, lavado y esterilización de utensilios, además de la desinfección de superficies, las cuales no estuvieron presentes en ninguna de las etiquetas de las muestras de LP analizadas. Así como también recomienda el uso de agua > 70°C para hidratación de las LP para limitar el riesgo de infección por *Cronobacter spp* (41) y que la administración a los lactantes de las fórmulas reconstituidas sea realizada dentro de 2 horas después de preparado o conservado en refrigeración a < de 4°C. No cumplir con esta temperatura de refrigeración le confiere la posibilidad de desarrollo al patógeno por su característica psicrótrofa (23). Ninguna de las etiquetas de la LP evaluados en nuestro estudio consideraba estos aspectos, ya solo recomendaba el uso de agua hervida tibia, lo que no solo contraviene la recomendación de OMS, sino que además genera un riesgo innecesario al que están expuestos los lactantes. Forsythe (2009), encontró en un estudio extensivo en Europa que las etiquetas de LP no entregan instrucciones de reconstitución con agua a 70°C, solo especifican el uso de agua de rehidratación hervida y tibia, siendo riesgo permanente de desarrollo de Cronobacter y otras *enterobacterias* (42).

Al evaluar numéricamente el riesgo de enfermar por *Cronobacter sakazakii* tras realizar la estimación según Reij y cols. éste fluctúa de 0.000062 a 1 por cada 100.000 recién nacidos alimentados con LP, lo que coincide con investigaciones realizadas en Estados Unidos (21) y Holanda (22). Estas cifras a pesar de ser bajas generan graves

41

problemas de salud pública, afectando principalmente a lactantes que consumen LP y generan costos asociados a sus familias, puesto que afectan la economía de nuestro país a causa de los exámenes de laboratorio y controles médicos particulares que deben realizar los padres para tener un pronto diagnóstico, así como también, debido a la inasistencia laboral, licencias, etc.

Es de gran relevancia esta información, ya que los niños alimentados con LP día a día están expuestos a este riesgo innecesario, pudiendo generar incluso la muerte de éstos, por esta razón es fundamental que se pueda incorporar la ausencia de *C. sakazakii* en el RSA y fomentar el consumo de leche materna, retrasando la incorporación temprana de fórmulas lácteas en polvo.

En nuestro país aparte de no incluir a *C. sakazakii* dentro del RSA, en aquellos alimentos en que si se realizan análisis microbiológicos generalmente sólo se registra la presencia o ausencia de microorganismos patógenos, pero no se realiza la cuantificación de éstos. Otro problema que existe en Chile es el subregistro de la información debido a que están las siguientes limitaciones: la información utilizada para los brotes de ETA notificados es la que se recoge a partir de las notificaciones realizadas en el sistema de notificación RAKIN-ETA y con el formulario de ETA completo, en este sistema el resultado de actividad de investigación puede ser: en investigación, confirma o descarta brote, entre otros, este registro no es obligatorio, por lo que podrían estar incluidos todos los brotes notificados para el análisis de este informe. En segundo lugar, el bajo porcentaje de brotes con agente identificado, junto con la no realización de estudios virales en el nivel local, impide realizar asociación entre agente y alimento involucrado. Además, la base de datos de la vigilancia de brotes es dinámica; los epidemiólogos de las SEREMI de Salud pueden notificar nuevos brotes y pueden cambiar o eliminar registros cuando se cuenta con nueva información (5).

IX. CONCLUSIONES

- Existe inadecuada calidad microbiológica de las fórmulas lácteas en polvo que son consumidas por prematuros y lactantes en nuestro país.

- La prevalencia de *Cronobacter sakazakii* fue de un 2.7% a nivel global; rechazando la hipótesis 1; sin embargo, en Chile este patógeno tiene una prevalencia de 9.5%, siendo un llamado de alerta a los fabricantes y autoridades reguladoras de la salud pública en Chile.

- Ninguna de las leches que se comercializan contienen las directrices propuestas por la OMS.

- Existe inadecuado control de higiene durante la fabricación de leches en polvo evidenciado por los recuentos de indicadores microbianos.

- El riesgo de enfermar por *C. sakazakii* fue de 1 por cada 100.000 recién nacidos alimentados con leche en polvo, por lo tanto, se acepta la hipótesis 2.

- *Cronobacter sakazakii* debe ser incorporado dentro del Reglamento Sanitario de los Alimentos, por el riesgo de enfermar asociado en los niños, para asegurar y garantizar la inocuidad de las fórmulas infantiles en polvo.

- La información obtenida en esta investigación servirá de base para realizar mayor fomento de la lactancia materna a nivel nacional.

- Esta investigación forma parte del proyecto DIUBB 143720 de la Universidad del Bío Bío. Sus resultados preliminares obtenidos, fueron aceptados en enero del año 2015 para ser publicados en la Revista Chilena de Nutrición.

X. RECOMENDACIONES

Las empresas productoras de leche en polvo deberían incluir en su etiquetado las nuevas directrices de preparación, consumo y almacenamiento propuestas por la Organización Mundial de la Salud año 2008.

Se debería realizar mayor fiscalización por parte de la autoridad sanitaria y las empresas productoras para que exista mejor control de las condiciones higiénicas en la elaboración de las fórmulas lácteas en polvo y de su vigilancia microbiológica, con el fin de evitar riesgos innecesarios para la salud en la población infantil que consume masivamente estos alimentos.

Se sugiere realizar posteriores estudios con el fin de generar mayores reportes que apoyen el diseño de Políticas Públicas que desincentiven el consumo de leches en polvo, así como también, para realizar difusión a la población en general. Se propone que las nuevas investigaciones incluyan las variables del indicador de años de vida ajustados por discapacidad.

Un factor protector para disminuir el riesgo por *Cronobacter sakazakii* es la leche materna, por lo que se deberían realizar mayores actividades de promoción de la lactancia a las gestantes que se controlan en la atención primaria de salud durante todo el periodo de embarazo y puerperio.

XI. BIBLIOGRAFIA

(1) FAO/OMS. *Enterobacter sakazakii* (*Cronobacter spp*) in powdered follow-up formulae. Microbiological Risk Assessment Series No.15. Rome. 2008.

(2) Organización Mundial de la Salud. ¿Qué es un niño prematuro? <http://www.who.int/features/qa/preterm_babies/es/> [consulta 17 ene 2015].

(3) Organización Mundial de la Salud. Enfermedades de transmisión alimentaria. < http://www.who.int/topics/foodborne_diseases/es/> [consulta 17 ene 2015].

(4) Parra J. Evaluación de riesgos microbianos en alimentos preparados en un hospital materno infantil. Querétaro. México. 2011.

(5) Departamento de Epidemiología. Enfermedades Entéricas. Informe de Situación. Santiago: Ministerio de Salud de Chile, Departamento de Epidemiología. 2013.

(6) Martín-Aragón MT, Marcos E. Fórmulas lácteas especiales. Nutrifarmacia: Farmacia Espacio de Salud. 2009 marzo-abril; 23(2).

(7) Salud Md. Ministerio de Salud. Gobierno de Chile. 2013. <http://web.minsal.cl/LACTANCIA_MATERNA> [consulta 19 dic 2013].

(8) Gutiérrez F. Producción, parámetros químicos y microbiológicos de la leche y características sensoriales y recuentos microbianos del queso de vacas alimentadas con manzarina. Universidad Autónoma de Nuevo León. 2011. <http://eprints.uanl.mx/2458/1/1080211169.pdf> [consulta el 19 dic 2013].

(9) Salgado C. Calidad microbiológica de leches en polvo destinadas al consumo de niños menores de 1 año comercializadas en Chillán. Universidad del Bío-Bío. 2013.

(10) SaludOPdl. Biblioteca virtual de desarrollo sostenible y salud ambiental. *Enterobacter sakazakii.* <http://www.bvsde.paho.org/cd-gdwq/docs_microbiologicos/Bacterias%20PDF/Enterobacter%20sakazakii.pdf> [consulta: 19 dic. 2013]

(11) Unicef. Lactancia Materna. <http://www.unicef.org/spanish/nutrition/index_24824.html> [consulta:19 dic 2013].

(12) Vargas-Leguás H, Rodríguez Garrido V, Lorite Cuenca R, Pérez-Portabella C, Redecillas Ferreiro S, Campins Martí M. Guía para la elaboración de fórmulas infantiles en polvo en el medio hospitalario. Sistema de análisis de peligros y puntos de control crítico. Anales de Pedriatría. 2009 enero; 70(6).

(13) Agostoni C, Axelsson I, Goulet O, Koletzko B. Preparation and Handling of Powdered Infant Formula: A Commentary by the ESPGHAN Committee on Nutrition. Journal of Pediatric Gastroenterology and Nutrition.2004 octubre; 39(4).

(14) Parra J, Oliveras L, Rodriguez A, Riffo F, Jackson E, Forsythe S. Riesgo por *Cronobacter sakazakii* en leches en polvo para la nutrición de lactantes. Rev. Chil. Nutr. In press. 2015.

(15) Análisis de microorganismos aerobios mesófilos. <http://www.analizacalidad.com/ docftp/fi178arm2004-4.pdf> [consulta 17 ene 2015].

(16) Farmer JJ, Asbury M, Hickman F, Brenner D. The Enterobacteriaceae Study Group. 1980. Enterobacter sakazakii, new species of Enterobacteriaceae isolated from clinical specimens. Int J Syst Bacteriol. 1980; 30:569–584.

(17) Iversen C, Mullane N, Mc Cardell B, Tall B, Lehner A, Fanning S, and cols. Cronobacter gen. nov., a new genus to accommodate the biogroups of Enterobacter sakazakii, and proposal of Cronobacter sakazakii gen. nov. comb. nov., C. malonaticus sp. nov., C. turicensis sp. nov., C. muytjensii sp. nov., C. dublinensis sp. nov., Cronobacter genomospecies 1, and of three subspecies, C. dublinensis sp. nov. subsp. dublinensis subsp. nov., C. dublinensis sp. nov. subsp. lausannensis subsp. nov., and C. dublinensis sp. nov. subsp. lactaridi subsp. nov. Int J Syst Evol Microbiol. 2008; 58:1442–1447

(18) Joseph S, Cetinkaya E, Drahovska H, Levican A, Figueras M and Forsythe S. *Cronobacter condimenti* sp. Nov., isolated from spiced meat, and *Cronobacter universalis* sp. Nov., a species designation for *Cronobacter* sp. Genomoespecies 1, recovered from a leg infection, water and food ingredients. Int J Syst Evol Microbiol. 2012; 62:1277-1283.

(19) Leyva V, Ruiz H, Machín M, Tejedor R, Martino T, Ferrer Y. Primer estudio de *Enterobacter sakazakii* en alimentos en Cuba. Rev. Cub. Sal. Públ. 2008 octubre-diciembre; 34(4).

(20) Organización Mundial de la Salud. Reglamento Sanitario Internacional (2005). Segunda edición. Ginebra. 2008.

(21) Kucerova E, Joseph S, Forsythe S. The *Cronobacter* genus: ubiquity and diversity. Qual Assur Safety Foods Crops. 2011; 3:104-122.

(22) Reij M, Jongerburger I, Gkogka E, Gorris L, Zwietering M. Perspective on the risk to infants in the Netherlands associated with *Cronobacter* spp. occurring in powdered infant formula. Int J Food Microbiol. 2009; 136:232-237.

(23) Parra J, Arvizu S, Silva J, Fernández E. Two cases of hemorrhagic diarrhea caused by *Cronobacter sakazakii* in hospitalized nursing infants associated with the consumption of powdered infant formula. J Food Prot. 2011; 74(12): 2177-2181.

(24) Llanos S. Detección de *Cronobacter spp.* y enterobacterias desde fórmulas lácteas infantiles en polvo. Cibertesis Universidad Austral de Chile. 2009.

(25) Chile MdSd. Reglamento Sanitario de los Alimentos. Santiago: Ministerio de Salud de Chile, Departamento Asesoría Jurídica; 2009.

(26) FAO/OMS CdCA. Código de prácticas de higiene para los preparados en polvo para lactantes y niños pequeños. CODEX; 2008.

(27) Pouch F, Ito K. Microbiological Examination of Foods. Cuarta Edición ed. Washington: Sheridan Books, Inc; 2001.

(28) Cetinkaya E, Joseph S, Ayhan K, Forsythe S. Comparison of methods for the microbiological identification and profiling of *Cronobacter* species from ingredients used in the preparation. Mol. Cell Probes.2012; 27.

(29) FAO/OMS. *Enterobacter sakazakii* and *Salmonella* in powdered infant formula. Microbiological Risk Assessment Series No.10. Rome. 2006.

(30) Moreno JM, Galiano MJ, Dalmau J. Preparación y manejo de las formulas infantiles en polvo. Reflexiones en torno a las recomendaciones del Comité de Nutrición de la ESPGHAN. Acta Pediatr Esp. 2005; 63:279-72.

(31) World Health Organization: 54th World Health Assembly, Infant and young child nutrition. WHA 54.2, May 18, 2001. <http://apps.who.int/gb/archive/pdf_files/WHA54/ea54r2.pdf> [consulta: 23 nov. 2014].

(32) Gurtler J, Beuchat L. 2007. Growth of *Enterobacter sakazakii* in reconstituited infant formula as affected by composition and temperature. J Food Prot. 2007; 70:2095-210.

(33) Chap J, Jackson P, Siqueira R, Gaspar N, Quintas C, Park J, et al. International survey of *Cronobacter sakazakii* and other *Cronobacter spp.* in follow up formulas and infant foods. Int J Food Microbiol. 2009; 136:185-188.

(34) Reich F, König R, von Wiese W, Klein G. Prevalence of *Cronobacter spp.* in a powdered infant formula processing environment. Int J Food Microbiol. 2010; 140:214–217.

(35) Abdullah Sani N, Hartantyo S, Forsythe S. Microbiological assessment and evaluation of rehydration instructions on powdered infant formulas, follow-up formulas and infant foods in Malaysia. J Dairy Sci. 2013; 96:1-8.

(36) Siqueira RF, da Silva N, Junqueira V, Kajsik M, Forsythe S, Pereira J. Screening for *Cronobacter* species in powdered and reconstituted infant formulas and from equipment used in formula preparation in maternity hospitals. Ann Nut Met. 2013; 63:62-68.

(37) Lai K. *Enterobacter sakazakii* infections among neonates, infants, children, and adults. Case reports and review of the literature. Medicine. 2001; 80:113–122.

(38) Hariri S, Joseph S, Forsythe S. *Cronobacter sakazakii* ST4 strains and neonatal meningitis, United States. Emerg Infect Dis. 2013; 19: 175-177.

(39) Iversen C, Lane M, Forsythe S. The growth profile, thermotolerance and biofilm formation of *Enterobacter sakazakii* grown in infant formula milk. Lett Appl Microbiol. 2004; 38:378–382.

(40) Stephan R, Grim C, Gopinath G, Mammel M, Sathyamoorthy V, Trach L, et al. Re-examination of the taxonomic status of *Enterobacter helveticus, Enterobacter pulveris* and *Enterobacter turicensis* as members of the genus *Cronobacter* and their reclassification in the genera *Franconibacter* gen. nov. and *Siccibacter* gen. nov. as *Franconibacter helveticus* comb. nov., *Franconibacter pulveris* comb. nov. and *Siccibacter turicensis* comb. nov., respectively. Int J Syst Evol Microbiol. 2014;10: 3402-3410.

(41) World Health Organization. Safe preparation, storage and handling of powdered infant formula. 2007. <http://www.who.int/foodsafety/publications/powdered-infant-formula/en/> [consulta: 5 nov 2014].

(42) Forsythe S. J. Bacteriocidal preparation of powdered infant formula. 2009. <http://www.foodbase.org.uk/results.php?f_report_id=395> [consulta: 23 nov 2014].

(43) Ministerio de Salud. Departamento de Epidemiología. Estudio de carga de enfermedad y carga atribuible (2007). Chile. 2008.

Printed by Books on Demand GmbH, Norderstedt / Germany